迫りくる南海トラフ巨大地震！！
その時あなたはどうするの？

クッパ72

文芸社

2018年8月、お盆も終わろうとしている頃、山口県で3日間行方不明であった2歳の男の子が保護された、というニュースが流れてきました。
　男の子を無事に発見したのは地元の警察ではなく、前日に広島から駆け付けた凄腕のボランティアで、尾畠さんという方です。
　ドローンも使って、延べ380余名の警察をはじめとする捜索隊を尻目に、家族からわずかな情報を得て、「子供は上に行く」という自分の信念をもとに、わずか30分足らずで山の中で見つけ出します。そして男の子を抱えて家族の人に手渡します。

祖父から「お風呂と食事を用意致しましたので」という申し出を「いや、せっかくですがいいです。ボランティアは代価を求めないのです」と言って丁寧に辞退しました。

　普通の人なら「ああ、そうですか。遠慮なくいただきます」となるかもしれません。

　施しをいただいたらアルバイトになってしまうという、彼の心の中の声が、聞こえてきそうな気がしました。連日、多くのマスコミの取材を受け、「私が発見したのではない。お天道様がここだと照らしてくれたのです」と話す尾畠さん。

彼が指を広げて受け答えをしている時に、一瞬、トンボが指先に止まったのをニュース映像で見ました。トンボは絶対に人間の身体には止まりません。握りつぶされてしまう恐れがあるからです。彼は人間ではなく、もはや、神の域に達しているのだと思いました。

　マスコミ報道によると、彼は大分県で魚屋を営んでいたそうです。地域の人々にいろいろとかわいがっていただいたので、その地域社会に対する恩返しのために、魚屋を閉じてボランティアを始めたそうです。彼はぜい沢な暮らしをしていません。冷や飯に水を入れて梅干を5、6個浸して食べていることもあるのです。「空腹にまず

い物なし」と言って平然としているのです。今現在、ひとり暮らしです。子供２人に孫５人。奥さんは旅に出られたそうです。トタン屋根の家の中が映し出された時、風が吹けば飛んで行ってしまうような、うすっぺらな紙が、２枚並べて置いてありました。

　「掛けた情は水に流せ」　「受けた恩は石に刻め」

　お世辞にも綺麗と言えない部屋で、さん然と輝く２つの言葉が、私の胸を打ちました。彼のような謙虚で感謝の心を持った人が、この日本に多数存在すれば、南海トラフ巨大地震は回避、あるいは、起きたとしても被害を最小限にくい止めることができるかもしれません。

しかし、日本のみならず、世界でも相も変わらず、殺傷、戦争、セクハラ、パワハラ、隠ぺい、改ざん、盗撮、裏口入学、いじめ、ひき逃げ、あおり運転等、悪行は枚挙にいとまがありません。

　尾畠さんのような、豊かな心、思いやりの心を持った人が、この日本に、世界に、多数現れることを願っております。そして私たちは、「この地球に住むすべての人々が、豊かで平和な暮らしができるように」、心をひとつにして、努めていかなければなりません。

ここで突然、私事で恐縮ですが、私、今まで、一生懸命努力してきました。ですが、ついに認定されたのです。糖尿病患者として。両足がチクチクして痛いのです。糖尿病の三大合併症のひとつの神経障害です。予備軍も含め全国2000万人いる糖尿病患者の仲間入りをしたのです。

　その、チクチク、ジンジンが足首まで上がってきたのです。足を切断しなければいけないという恐怖に怯えながら、本書を執筆しております。

　併せて、のども痛いのです。つばが飲みにくくなってきたのです。病院には何度も行っております。何度行っ

＊厚生労働省「2016年国民健康・栄養調査」参照

てもどちらも異常なしという診断なのです。この同時多発テロ的な痛みの中で、書けるうちに、身体があるうちに、どうしても本書を刊行しなければいけないと思ったのです。

　私は、自称、松本清張研究家として、独自の法則で南海トラフ巨大地震を予想しました。次の亥の年、すなわち2031年の、5月3日午後11時46分に、南海トラフ巨大地震が起きると予想しました。どのように導き出したかは、前著『南海トラフ巨大地震はズバリいつ起きるのか‼』をご参照下さい。

松本清張の魅力はいろいろあると思うのですが、『時間の習俗』の中で、かつて『点と線』の事件でいっしょに仕事をした、警視庁の三原警部補と福岡署の鳥飼刑事を再び登場させて、いつか九州へ遊びに来て下さいという誘いを受けた三原警部補が、博多どんたくに合わせて訪れるくだりがあります。鳥飼刑事の自宅でくつろぎながら、三原警部補が寿司や筍をご馳走になるという描写が特に好きです。あたかも実在する人物の如く描かれているところがたまらない魅力なのです。

　そして、彼の作品がしばしばテレビや映画になったということは、日本全国の旅情の美しさもさることながら、

どこにでもいるような、平凡な人間のふとした心のすき間が、とり返しのつかないことになっていくという恐ろしさや、「人のふり見て我がふり直せ」を教えてくれるからではないでしょうか。

　松本清張的な思考、推理から導き出した、南海トラフ巨大地震の起きる日と、博多どんたくの始まる日は、同じ５月３日なのです。不思議なめぐり合わせに私自身も驚いております。しかも、2031年のゴールデンウィークがどのような曜日の配列になるのかわかりませんが、５月３日から５日は国民的祝日なのです。翌日、会社へ行ったり学校へ行ったりしなくてもよいのです。

これが、例えば平日であったら、会社や学校があるため夜には寝なければいけないのです。祝日であれば、避難できる時間はあるのです。考える時間はあるのです。

　2013年、政府の中央防災会議の下に設置された調査部会は「現在の科学的知見からは、確度の高い予測は困難」と報告しています。つまり、いつ起きるのかわからないと言っているのです。以前は「ここ30年の間に70％の確率で起きる」と言っておりました。それすら、最近は聞かなくなりました。

　新聞記事によると、2018年8月6日に政府は中央防災会議の中で、「南海トラフ巨大地震発生の可能性が高

まっていると判断した場合、政府の呼び掛けで住民が一斉避難する仕組みを導入する方針を初めて示した」ということです。2018年5月1日現在、日本の総人口は約1億2647万人です。そのうち日本人は約1億2436万人、日本に住民登録している外国人が約211万人います[*]。そんな膨大な数の人々を、いったいどこへ一斉避難させようと言うのでしょうか。

　政府は、南海トラフ巨大地震の死者は約32万人[**]、経済的被害は220兆円にのぼると想定しています。東日本大震災は死者・行方不明者は約2万人[***]です。死者の数で言えば東日本大震災の約16倍です。つまり、東日本

[*]総務省統計局「人口推計—平成30年10月報」参照　[**]中央防災会議「南海トラフ巨大地震の被害想定について（第一次報告）」参照　[***]消防庁災害対策本部「平成23年（2011年）東北地方太平洋沖地震（東日本大震災）について（第158報）」参照

大震災クラスが同時に16か所で起きるということです。私たちは、大規模な津波を東日本大震災で初めて見ました。昼間に起きたから、走って避難することが可能だったわけです。水が来るのを見ている人もいました。夜だったらどうするのでしょうか。逃げることはできません。

　南海トラフ巨大地震は夜に起きると私は予想しました。

　巨大地震だから地震、津波の他に火山の噴火も考慮しなければいけません。富士山の噴火もあり得るのです。

　富士山が噴火をすれば、東京が一番ヤバいのです。

　なぜなら人口が多いから。

南海トラフ巨大地震は、静岡以西で起きると言われています。しかし、富士山が噴火をすれば、日本全国にある111*の活火山が連動して噴火する可能性があります。親分が決起すれば、周りの子分が追従するというのは、どこの世界でも同じことなのです。

　2016年10月、熊本の阿蘇山が噴火したことを記憶している人も多いと思います。その時、火山灰が320km東に離れた香川県の端まで届きました。

　なぜか、途中の愛媛の伊方原発や、北や南にも行きませんでした。なぜ行かなかったのでしょうか。

　私たち人間に考える機会を与えたのです。

＊2017年6月時点の数（気象庁HP参照）

富士山がもし噴火をすれば、阿蘇山どころではありません。北は北海道から南は九州まで、各活火山に火を灯し、当然、原発の爆発もあるでしょう。南海トラフ巨大地震は、起きれば世界最大の地震となります。地震、津波、火山の噴火、原発の爆発、湖の崩壊等、火と水で日本という国の沈没が想像できます。

　この沈没を免れるには、方法はひとつしかありません。逃げるのです。どこへ逃げるのか。

　海外です。海外へ逃げるより助かる道はないのです。

　1人より2人、2人より3人の方が、生き延びていく上で心強いでしょう。たとえ非正規で、年収が200万

円であったとしても、余計なお世話ですが、好きな人がいれば、早く結婚することをおすすめします。

　生まれたばかりの赤ちゃんを飛行機に乗せるわけにはいかないのです。今、生まれたばかりの赤ちゃんでも、12年経てば小学校6年生になります。逃げた国で生きていくことになるので、どこへ行くかは2人で充分話し合って決めることです。今、住んでいる所と同じくらいの気候の国がいいでしょう。暖かい所に住んでいる人が寒い国へ行ってはいけません。早く準備を整えることです。備えあれば憂いなしです。例えば言葉も、イタリアへ行くならば、英語よりもイタリア語を今のうちに勉強

しておいた方がいいのです。

　どこかの国へ出張しているご主人がいれば、そこへ行くのもいいでしょう。よく話し合うことです。でも突然行ってはいけません。現地で暮らしているご主人なりの事情があるかもしれませんから。

　政府は、2020年の訪日外国人4000万人、2030年に6000万人を目標としています。

　2020年に東京オリンピックがあります。東京の、いえ、日本の魅力がますます高まるのは、間違いありません。

　私は、2030年には訪日外国人8000万人になると予

想しています。今、日本に住民登録をしている外国人が約211万人いると先に記しました。彼らにお願いしたいのです。自国の人に、2031年は南海トラフ巨大地震が起きる可能性があるから、日本へ来てはいけないと、伝えてほしいのです。

　妨害になるのは、百も承知です。

　日本人、在日外国人、訪日外国人、合わせて2億人近い人が、行く人、来る人、残る人で、日本がしっちゃかめっちゃかになるのを避けたいのです。国際線の飛行機は規模によりますが、乗ることができるのは1機約350人です。電車のようにつり革につかまったり、地

べたに座ったりはできないのです。座席の分しか乗れません。新幹線は16両が連結していますから、自由席も含め1600人ぐらいは乗ることができるでしょう。まさか、あの世から宮沢賢治を呼んで、銀河鉄道を創らせる訳にはいかないのです。

　2031年5月3日は大変混みあいます。

　意を決して、例えば4月29日の昭和の日の前後を考え、一足先に海外へ行った方が賢明かもしれません。その時、日本から全財産を現金で持っていくことです。家や車は飛行機に乗せられないのです。

　ホテルに着いたら、即、その国のお金に両替をするこ

とです。ぐずぐずしていたら、日本円は何の価値もない紙くず同然になってしまうからです。

　その国で生きていく決意を、両替という行為で示すのです。

　私は学者でも予言者でもありません。独自の法則で、南海トラフ巨大地震の発生日時を割り出しました。

　たとえ私の予想がはずれたとしても、その時、海外旅行をしたと思えばいいではありませんか。どうせ、誰も、いつ起きるのかを示す人がいないならば、私の説を信じて、備えをするのも一考ではありませんか。

腹に一物　背中に荷物

何か悪い事をたくらんでいる人、

そんな人は、ほっといて

自分と家族を最優先しましょう。

いつでも、

やさしい心、思いやりの心を持って、

自分の命は

自分で守るのです。

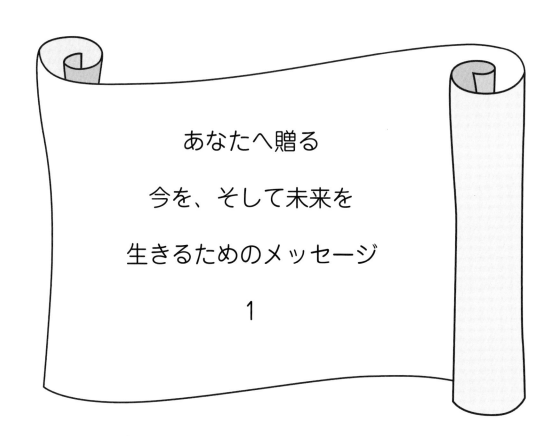

あなたへ贈る

今を、そして未来を

生きるためのメッセージ

1

好きか嫌いか どちらでもないか
　　賛成か反対か わからないか
前進か バックか ニュートラルか
　白か黒か灰色か
平和か戦争か 無関心か
　善か悪か 日和見か
神か鬼か 普通の人間か

私たち人間には3つの心が与えられました
合わせていろんな感情も与えられました
どう使おうが一人ひとりの人間の自由なのです

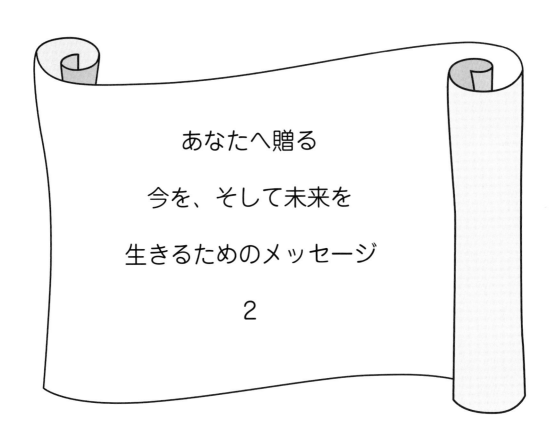

あなたへ贈る

今を、そして未来を

生きるためのメッセージ

2

私たち人間は過ちを犯す動物なのです
他の動物と違って心を持っているからなのです
善の心と同じく悪の心を持っているからなのです
まちがったなと思ったら すぐ反省をすることです
誰でもムシャクシャしたり カッとなる事もあります
コノヤローと思っても 心の中に納めるのです
決して言葉や刃物で他人を傷つけてはいけません
　　鬼になってはいけないのです
鬼の心を出さないで いつでも どこでも
自分の中に「神の心」を作るのです

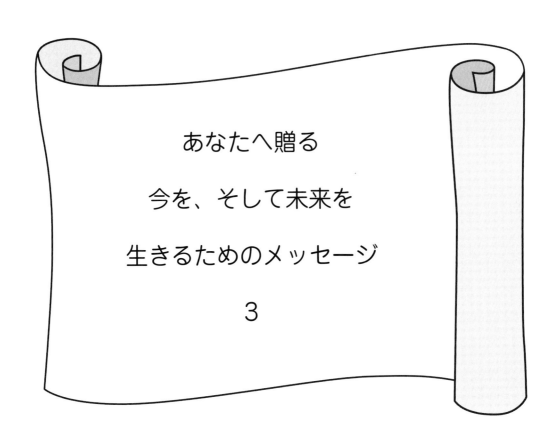

あなたへ贈る

今を、そして未来を

生きるためのメッセージ

3

私たち人間は身体を持っているから
どこかへ行こうとする時
その身体を車や電車や飛行機に
乗せなければいけない
しかし眼を閉じて念ずれば一瞬のうちに
どこへでも自分の好きな所へ行く事ができる
これは私たち人間の一人ひとりが
神の子であるという証拠なのです
だからこそ身体があるうちに人間である間に
自分の魂を神にまで高める事です

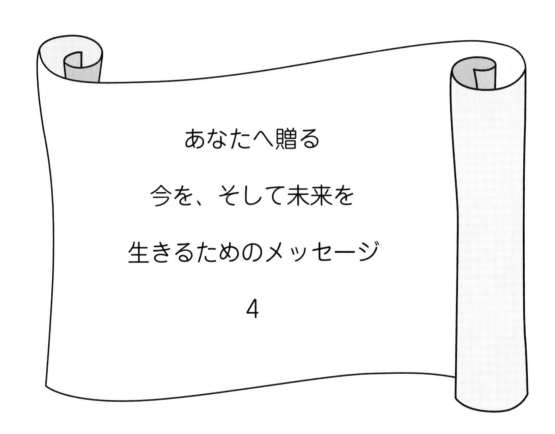

あなたへ贈る

今を、そして未来を

生きるためのメッセージ

4

男にはたとえ負けるとわかっている勝負でも
行かなきゃいけない時もある
女にはたとえ嫌だなと思う事であっても
許してやらなきゃいけない事もある
私たち人間にはたとえどんなに月日が
流れたとしても
忘れられない人もいる
南海トラフ巨大地震で
生き延びるも良し！
死ぬも良し！

著者プロフィール
クッパ72

愛知県名古屋市出身
自称、中年演歌の星、松本清張研究家、李白・杜甫研究家
（猿の声―李白：えんせい〈白帝城〉、杜甫：えんしょう〈登高〉）
特徴、耳が遠い、目が近い、小水が近い
（ムム、できるなお主、遠近法の使い手か）
モットーは"苦しい時、悲しい時こそユーモアを"

著書『南海トラフ巨大地震はズバリいつ起きるのか‼』（2017年、文芸社）
『今を、そして未来を生きる人たちへ贈る30の言葉』（2018年、文芸社）

迫りくる南海トラフ巨大地震‼ その時あなたはどうするの？

2019年4月15日　初版第1刷発行

著　者　クッパ72
発行者　瓜谷 綱延
発行所　株式会社文芸社
　　　　〒160-0022　東京都新宿区新宿1-10-1
　　　　　　　　　電話　03-5369-3060（代表）
　　　　　　　　　　　　03-5369-2299（販売）

印刷所　図書印刷株式会社

© Kuppa72 2019 Printed in Japan
乱丁本・落丁本はお手数ですが小社販売部宛にお送りください。
送料小社負担にてお取り替えいたします。
本書の一部、あるいは全部を無断で複写・複製・転載・放映、データ配信することは、法律で認められた場合を除き、著作権の侵害となります。
ISBN978-4-286-20520-5